国家出版基金项目
NATIONAL PUBLICATION FOUNDATION

英国国家附件

Eurocode 2：混凝土结构设计

第1-1部分：一般规定和房屋建筑规定

NA+A2:2014 to BS EN 1992-1-1:2004+A1:2014

[英] 英国标准化协会（BSI）

欧洲结构设计标准译审委员会 **组织翻译**

刘家海　胡　月　张西文 **译**

贾电波　冀江红 **一审**

吴筱文　张　宇 **二审**

李元松　冯　鹏 **三审**

人民交通出版社股份有限公司

北　京

图书在版编目(CIP)数据

英国国家附件 Eurocode 2:混凝土结构设计. 第1-1部分 : 一般规定和房屋建筑规定. NA + A2:2014 to BS EN 1992-1-1:2004 + A1:2014 / 英国标准化协会(BSI)组织编写 ; 刘家海,胡月,张西文译. — 北京 : 人民交通出版社股份有限公司,2019.11

ISBN 978-7-114-15883-4

Ⅰ. ①E… Ⅱ. ①英… ②刘… ③胡… ④张… Ⅲ. ①混凝土结构—结构设计—建筑规范—欧洲 Ⅳ. ①TU370.4

中国版本图书馆CIP数据核字(2019)第228180号

著作权合同登记号:图字01-2019-6361

Yingguo Guojia Fujian Eurocode 2:Hunningtu Jiegou Sheji Di 1-1 Bufen:Yiban Guiding he Fangwu Jianzhu Guiding

书　　名:英国国家附件　Eurocode 2:混凝土结构设计　第1-1部分:一般规定和房屋建筑规定 NA + A2:2014 to BS EN 1992-1-1:2004 + A1:2014

著 作 者: 英国标准化协会(BSI)

译　　者: 刘家海　胡　月　张西文

责任编辑: 钱　堃　李　晴　李学会

责任校对: 刘　芹

责任印制: 刘高彤

出版发行: 人民交通出版社股份有限公司

地　　址: (100011)北京市朝阳区安定门外外馆斜街3号

网　　址: http://www.ccpress.com.cn

销售电话: (010)59757973

总 经 销: 人民交通出版社股份有限公司发行部

经　　销: 各地新华书店

印　　刷: 三河市国新印装有限公司

开　　本: 880×1230　1/16

印　　张: 2.25

字　　数: 41千

版　　次: 2019年11月　第1版

印　　次: 2019年11月　第1次印刷

书　　号: ISBN 978-7-114-15883-4

定　　价: 40.00元

(有印刷、装订质量问题的图书,由本公司负责调换)

出 版 说 明

包括本标准在内的欧洲结构设计标准(Eurocodes)及其英国附件、法国附件和配套设计指南的中文版,是 2018 年国家出版基金项目"欧洲结构设计标准翻译与比较研究出版工程(一期)"的成果。

在对欧洲结构设计标准及其相关文本组织翻译出版过程中,考虑到标准的特殊性、用户基础和应用程度,我们在力求翻译准确性的基础上,还遵循了一致性和有限性原则。在此,特就有关事项作如下说明:

1. 本标准中文版根据英国标准化协会(BSI)提供的英文版进行翻译,仅供参考之用,如有异议,请以原版为准。

2. 中文版的排版规则原则上遵照外文原版。

3. Eurocode(s)是个组合再造词。本标准及相关标准范围内,Eurocodes 特指一系列共 10 部欧洲标准(EN 1990 ~ EN 1999),旨在为房屋建筑和构筑物及建筑产品的设计提供通用方法;Eurocode 与某一数字连用时,特指 EN 1990 ~ EN 1999 中的某一部,例如,Eurocode 8 指 EN 1998 结构抗震设计。经专家组研究,确定 Eurocode(s)宜翻译为"欧洲结构设计标准",但为了表意明确并兼顾专业技术人员用语习惯,在正文翻译中保留 Eurocode(s)不译。

4. 书中所有的插图、表格、公式的编排以及与正文的对应关系等与外文原版保持一致。

5. 书中所有的条款序号、括号、函数符号、单位等用法,如无明显错误,与外文原版保持一致。

6. 在不影响阅读的情况下书中涉及的插图均使用英文原版插图,仅对图中文字进行必要的翻译和处理;对部分影响使用的英文原版插图进行重绘。

7. 书中涉及的人名、地名、组织机构名称以及参考文献等均保留外文原文。

特别致谢

本标准的译审由以下单位和人员完成。济南轨道交通集团有限公司的刘家海、胡月、张西文承担了主译工作,中国天辰工程有限公司的贾电波和冀江红、中交路桥建设有限公司的吴筱文、特变电工沈阳电力勘测设计有限公司的张宇、武汉工程大学的李元松、清华大学的冯鹏承担了主审工作。他(她)们分别为本标准的翻译工作付出了大量精力。在此谨向上述单位和人员表示感谢!

欧洲结构设计标准译审委员会

欧洲结构设计标准译审委员会总体组

NA+A2:2014 to BS EN 1992-1-1: 2004+A1:2014

英国国家附件

Eurocode 2：混凝土结构设计

第1-1部分：一般规定和房屋建筑规定

ICS 91.010.30;91.080.040

British Standards

本国家附件编制委员会

受房屋建筑和土木工程结构技术委员会 B/525 的委托,本国家附件的相关工作由房屋建筑和土木工程结构使用分委员会 B/525/2 负责。该分委员会由下列机构组成:

咨询工程师协会(Association of Consulting Engineers)
矿产协会(Mineral Products Association)
英国预制混凝土联合会有限公司(British Precast Concrete Federation Ltd.)
建筑研究机构(Building Research Establishment)
混凝土协会(Concrete Society)
交通运输部(公路局)[Department of Transport (Highways Agency)]
土木工程师学会(Institution of Civil Engineers)
结构工程师学会(Institution of Structural Engineers)
苏格兰建筑标准机构(Scottish Building Standards Agency)
英国钢铁公司(UK Steel)
增选成员(Co-opted members)

本国家附件于2005年12月8日由标准政策和策略委员会授权发布。

英国标准化协会标准有限公司2015年出版

与本国家附件编制工作有关的BSI参考资料文献如下:
委员会参考资料文献 B/525/2
征求意见稿 05/3013400209/30180415

ISBN 978 0 580 89041 3

自发布后提出的修订

修订序号	日　期	备　注
1	2009年12月	见引言
	2015年7月31日	见引言

目　　次

国家附件(资料性) BS EN 1992-1-1:2004 + A1:2014 Eurocode 2:混凝土结构设计 第 1-1 部分:一般规定和房屋建筑规定

引言

本国家附件由 BSI 混凝土结构分委员会 B/525/2 编制。在英国需与 BS EN 1992-1-1:2004 + A1:2014 配合使用。

NA + A2:2014 to BS EN 1992-1-1:2004 + A1:2014 取代了 NA to BS EN 1992-1-1:2004,该国家附件已被撤销。

国家附件第 1 版修订版中新增或改变的内容在相应文本的开头和结尾用A1〉〈A1标注。细微的编辑修改未以标签进行标识。

国家附件第 2 版修订版中新增或改变的内容在相应文本的开头和结尾用A2〉〈A2标注。细微的编辑修改未以标签进行标识。

国家附件第 1 版修订版用来反映 BS EN 1992-1-1:2004 的勘误表 1。国家附件第 2 版修订版用来反映 BS EN 1992-1-1:2004 的修订表 1。

NA.1 范围

NA.1.1 本国家附件包括的内容如下:

a)英国确定的国家定义参数,列在 BS EN 1992-1-1:2004 + A1:2014 的下列子条款中:

— 2.3.3 (3)
— 2.4.2.1 (1)
— 2.4.2.2 (1)
— 2.4.2.2 (2)
— 2.4.2.2 (3)
— 2.4.2.3 (1)
— 2.4.2.4 (1)
— 2.4.2.4 (2)
— 2.4.2.5 (2)
— 3.1.2 (2)P
— 3.1.2 (4)
— 3.1.6 (1)P
— 3.1.6 (2)P
— 3.2.2 (3)P
— 3.2.7 (2)
— 3.3.4 (5)
— 3.3.6 (7)
— 4.4.1.2 (3)
— 4.4.1.2 (5)
— 4.4.1.2 (6)
— 4.4.1.2 (7)
— 4.4.1.2 (8)
— 4.4.1.2 (13)
— 4.4.1.3 (1)P
— 4.4.1.3 (3)
— 4.4.1.3 (4)
— 5.1.3 (1)P
— 5.2 (5)
— 5.5 (4)
— 5.6.3 (4)
— 5.8.3.1 (1)
— 5.8.3.3 (1)
— 5.8.3.3 (2)
— 5.8.5 (1)
— 5.8.6 (3)
— 5.10.1 (6)
— 5.10.2.1 (1)P
— 5.10.2.1 (2)
— 5.10.2.2 (4)
— 5.10.2.2 (5)
— 5.10.3 (2)
— 5.10.8 (2)
— 5.10.8 (3)
— 5.10.9 (1)P
— 6.2.2 (1)
— 6.2.2 (6)
— 6.2.3 (2)
— 6.2.3 (3)
— 6.2.4 (4)
— 6.2.4 (6)
— 6.4.3 (6)
— 6.4.4 (1)
A2⟩— 6.4.5 (1)⟨A2
— 6.4.5 (3)
— 6.4.5 (4)
— 6.5.2 (2)
— 6.5.4 (4)
— 6.5.4 (6)
— 6.8.4 (1)
— 6.8.4 (5)
— 6.8.6 (1)
— 6.8.6 (3)
— 6.8.7 (1)
— 7.2 (2)
— 7.2 (3)
— 7.2 (5)
— 7.3.1 (5)
— 7.3.2 (4)
— 7.3.4 (3)
— 7.4.2 (2)
— 8.2 (2)
— 8.3 (2)
— 8.6 (2)
— 8.8 (1)
— 9.2.1.1 (1)
— 9.2.1.1 (3)
— 9.2.1.3 (1)
— 9.2.1.4 (1)
— 9.2.2 (2)
— 9.2.2 (4)
— 9.2.2 (5)

—9.2.2 (7)
—9.2.2 (8)
—9.3.1.1 (3)
—9.5.2 (21)
—9.5.2 (2)
—9.5.2 (3)
—9.5.3 (3)
—9.6.2 (1)
—9.6.3 (1)
—9.7 (1)
—9.8.1 (3)
—9.8.2.1 (1)
—9.8.3 (1)
—9.8.3 (2)
—9.8.4 (1)
—9.8.5 (3)
—9.10.2.2 (2)
—9.10.2.3 (3)
—9.10.2.3 (4)
—9.10.2.4 (2)
—11.3.5 (1)P
—11.3.5 (2)P
—11.3.7 (1)
—11.6.1 (1)
—11.6.1 (2)
—11.6.2 (1)
—11.6.4.1 (1)
[A2〉—11.6.4.2(2)〈A2]
—12.3.1 (1)
—12.6.3 (12)
—A.2.1 (1)
—A.2.1 (2)
—A.2.2 (1)
—A.2.2 (2)
—A.2.3 (1)
—C.1 (1)
—C.1 (3)
—E.1 (2)
—J.1 ([A2〉2〈A2])
—J.2.2 (2)
—J.3 (2)
—J.3 (3)

b)英国关于使用 BS EN 1992-1-1:2004 + A1:2014 资料性附录的决定;

c)非矛盾性补充信息的参考文献。

NA.2 国家定义参数

英国关于使用 BS EN 1992-1-1:2004 + A1:2014 国家定义参数的决定见表 NA.1。

表 NA.1 英国关于使用 BS EN 1992-1-1:2004 国家定义参数的决定

子条款	国家定义参数	Eurocode[A)] 推荐值	英国确定的值
2.3.3(3)	d_{joint} 值	30m	采用推荐值
2.4.2.1(1)	收缩作用的分项系数 γ_{SH}	1.0	采用推荐值
2.4.2.2(1)	预应力的分项系数 $\gamma_{P,fav}$	1.0	0.9
2.4.2.2(2)	预应力的分项系数 $\gamma_{P,unfav}$	1.3	1.1
2.4.2.2(3)	局部效应的预应力分项系数 $\gamma_{P,unfav}$	1.2	采用推荐值
2.4.2.3(1)	疲劳荷载的分项系数 $\gamma_{F,fat}$	1.0	采用推荐值
2.4.2.4(1)	承载能力极限状态下材料的分项系数 γ_C 和 γ_S	表 2.1N	采用推荐值
2.4.2.4(2)	正常使用极限状态下材料的分项系数 γ_C 和 γ_S	1.0	采用推荐值
2.4.2.5(2)	k_f 值	1.1	采用推荐值
3.1.2(2)P	C_{max} 值	C90/105	采用推荐值。然而，强度等级高于 C50/60 的混凝土的剪切强度应通过测试确定，除非有证据表明特定配合比（包括使用的集料类型）的以往性能符合要求。或者，强度等级高于 C50/60 的混凝土的剪切强度可按强度等级为 C50/60 的混凝土剪切强度取值
3.1.2(4)	k_t 值	0.85	1.0
3.1.6(1)P	α_{cc} 值	1.0	弯曲与轴向荷载作用下受压取 0.85，其他受力状况取 1.0。但是在所有受力状况下均可保守地取 0.85
3.1.6(2)P	α_{ct} 值	1.0	采用推荐值
3.2.2(3)P	f_{yk} 的上限值	600MPa	采用推荐值

注： [A2][A)] 表 NA.1 和表中的“推荐值”与 BS EN 1992-1-1 的 2008 年 1 月、2010 年 11 月、2014 年 2 月以及 2014 年的 A1 修订案的勘误内容有关。[A2]

表 NA.1(续)

子条款	国家定义参数	Eurocode[A)] 推荐值	英国确定的值
3.2.7(2)	钢筋设计假定:ε_{ud}值	$0.9\varepsilon_{uk}$	采用推荐值
3.3.4(5)	k 值	1.1	采用推荐值
3.3.6 (7)	预应力筋的设计假定:ε_{ud}值	$0.9\varepsilon_{uk}$或如果更准确的值未知: $\varepsilon_{ud}=0.02$ $f_{p0.1k}/f_{pk}=0.9$	采用推荐值
4.4.1.2 (3)	$c_{min,b}$值	用于后张法预应力筋矩形预应力孔道:短边全长或长边一半,取二者较大值。 用于后张法预应力筋圆形预应力孔道:直径。 用于先张法施工预应力筋:1.5×钢绞线或光面钢丝的直径,2.5×刻痕钢丝的直径	采用推荐值
4.4.1.2 (5)	由于环境条件导致的结构分类与最小保护层厚度值 $c_{min.dur}$	结构等级见表 4.3N,$C_{min,dur}$值见表 4.4N 和 4.5N	[A1⟩特殊暴露等级的混凝土质量和钢筋保护层厚度 c 的推荐值采用 BS 8500 中的数据⟨A1]
4.4.1.2 (6)	$\Delta c_{dur,\gamma}$值	0mm	采用推荐值
4.4.1.2 (7)	$\Delta c_{dur,st}$值	0mm	0mm,除非有专业文献证明,如:混凝土协会有关不锈钢钢筋的使用指南[1]
4.4.1.2 (8)	$\Delta c_{dur,add}$值	0mm	0mm,除非有专业文献证明
4.4.1.2(13)	k_1、k_2、k_3值	$k_1=5mm$ $k_2=10mm$ $k_3=15mm$	采用推荐值

注:[A2⟩ A) 表 NA.1 和表中的"推荐值"与 BS EN 1992-1-1 的 2008 年 1 月、2010 年 11 月、2014 年 2 月以及 2014 年的 A1 修订案的勘误内容有关。⟨A2]

表 NA.1(续)

子条款	国家定义参数	Eurocode[A)] 推荐值	英国确定的值
4.4.1.3(1)P	Δc_{dev}值	10mm	采用推荐值
4.4.1.3 (3)	受控(质量受控)条件下的 Δc_{dev} 值	式(4.3N)和式(4.4N)	采用推荐值
4.4.1.3(4)	k_1和 k_2值	k_1 =40mm k_2 =75mm	[A1]采用推荐值[A1]
5.1.3(1)P	简化荷载布置	应考虑下列荷载布置: a)交替跨承载设计变量荷载和永久荷载($\gamma_Q Q_k + \gamma_G G_k + P_m$),其他跨仅承载设计永久荷载 $\gamma_G G_k + P_m$; b)任何两个相邻跨承载设计可变荷载和永久荷载($\gamma_Q Q_k + \gamma_G G_k + P_m$);所有其他跨仅承载设计永久荷载,$\gamma_G G_k + P_m$	采用下列 3 个选项之一: a)考虑 Eurocode 中有关交替跨和相邻跨的两种荷载布置。 b)考虑所有跨和交替跨的以下两种布置: 1)承载设计变量荷载和永久荷载的所有跨($\gamma_Q Q_k + \gamma_G G_k + P_m$); 2)承载设计变量荷载和永久荷载的交替跨($\gamma_Q Q_k + \gamma_G G_k + P_m$),仅承载设计永久荷载的其他跨 $\gamma_G G_k$ + Pm;γ_G 的相同值应在整个结构中使用; c)对于平板而言,如果条件如下,则采用如 b)1)所述的全跨荷载布置: 1)单向板,每跨面积超过 30m^2; 2)可变荷载 Q_k与永久荷载 G_k之比不大于 1.25; 3)可变荷载 Qk 不大于 5kN/m^2,不包括隔墙 在选项 c)中,当采用 b)1)中所述的荷载布置分析时,除悬臂梁支撑处产生的支座弯矩外,合成支座弯矩应降低 20%,跨中弯矩也随之增加。 在本国家附件中,跨板指跨结构全宽的一条板,该板的两边有支撑。 利用 BS EN 1990:2002 + A1:2005 的式(6.10)初定 a)、b)和 c)中的荷载布置。 尽管本国家附件未说明,这些荷载布置也可利用 BS EN 1990:2002 的式(6.10a)和式(6.10b)起草初稿
5.2(5)	θ_0值	1/200	采用推荐值

注:[A2][A)] 表 NA.1 和表中的“推荐值”与 BS EN 1992-1-1 的 2008 年 1 月、2010 年 11 月、2014 年 2 月以及 2014 年的 A1 修订案的勘误内容有关。[A2]

表 NA.1(续)

子条款	国家定义参数	Eurocode[A)] 推荐值	英国确定的值
5.5(4)	弯矩重分布公式：k_1、k_2、k_3、k_4、k_5和 k_6值	$k_1=0.44$ $k_2=1.25(0.6+0.0014/\varepsilon_{cu2})$ $k_3=0.54$ $k_4=1.25(0.6+0.0014/\varepsilon_{cu2})$ $k_5=0.7$ $k_6=0.8$	对于 $f_{yk}\leqslant$500MPa 的钢材： $k_1=k_3=0.4$ $k_2=k_4=0.6+0.0014/\varepsilon_{cu2}$ $k_5=0.7$ $k_6=0.8$ 对于 $f_{yk}>$500MPa 的钢材，可能需要使用较 $f_{yk}\leqslant$500MPa 的钢材所用值更为严格的值。 有关弯矩调幅的进一步指导，见 PD 6687
5.6.3(4)	$\theta_{pl,d}$值	图 5.6N	采用推荐值
5.8.3.1(1)	λ_{lim}值	$\lambda_{lim}=20\cdot A\cdot B\cdot C/\sqrt{n}$	采用推荐值
5.8.3.3(1)	k_1值	0.31	采用推荐值
5.8.3.3(2)	k_2值	0.62	采用推荐值
5.8.5(1)	二阶分析法	选用以下两种简化方法： a)依据名义刚度的方法。 b)依据名义曲率的方法	使用任一种方法
5.8.6(3)	γ_{cE}值	1.2	采用推荐值
5.10.1(6)	防止预应力构件脆性失效的方法	方法 A ~ E	可采用方法 A ~ E 中的任一方法
5.10.2.1(1)P	最大应力：k_1和 k_2值	$k_1=0.8$ $k_2=0.9$	采用推荐值
5.10.2.1(2)	最大应力：k_3值	0.95	采用推荐值

注： A2 A) 表 NA.1 和表中的“推荐值”与 BS EN 1992-1-1 的 2008 年 1 月、2010 年 11 月、2014 年 2 月以及 2014 年的 A1 修订案的勘误内容有关。A2

表 NA.1（续）

子条款	国家定义参数	Eurocode[A)] 推荐值	英国确定的值
5.10.2.2(4)	预应力各个阶段的最小混凝土强度：k_4 和 k_5 值	$k_4 = 50\%$ $k_5 = 30\%$	采用推荐值
5.10.2.2(5)	预应力传递时应力增加：k_6 值	$k_6 = 0.7$	采用推荐值
5.10.3(2)	张拉后的预应力：k_7 和 k_8 值	$k_7 = 0.75$ $k_8 = 0.85$	采用推荐值
5.10.8(2)	$\Delta\sigma_{p,ULS}$ 值	100MPa	100MPa，除非拉力从张拉面超出 βd，在此情况下，$\Delta\sigma_{p,ULS} = 0$。当 $d \geqslant 1000$mm 时，$\beta = 0.1$；当 $d \leqslant 500$mm 时，$\beta = 0.25$；500mm < d < 1000mm 时，β 值用插值法计算
5.10.8(3)	$\gamma_{\Delta P,sup}$ 和 $\gamma_{\Delta P,inf}$ 值	$\gamma_{\Delta P,sup} = 1.2$ $\gamma_{\Delta P,inf} = 0.8$ 若不开裂部分采用线性分析，则两个值均取 1.0	采用推荐值
5.10.9(1)P	r_{sup} 和 r_{inf} 值	对于先张无粘结预应力筋： $r_{sup} = 1.05$ 和 $r_{inf} = 0.95$ 对于后张粘结预应力筋： $r_{sup} = 1.10$ 和 $r_{inf} = 0.90$ 当采用适当措施（如：先张法直接测量）时： $r_{sup} = 1.0$ 和 $r_{inf} = 1.0$	$r_{sup} = 1.0$ $r_{inf} = 1.0$
6.2.2(1)	普通剪切的 $C_{Rd,c}$、v_{min} 和 k_1 值	$C_{Rd,c} = 0.18/\gamma_c$ $v_{min} = 0.035k^{3/2}f_{ck}^{1/2}$ $k_1 = 0.15$	采用推荐值 强度等级 C50/60 以上的混凝土要求见 3.1.2 (2)P

注：[A2] A) 表 NA.1 和表中的"推荐值"与 BS EN 1992-1-1 的 2008 年 1 月、2010 年 11 月、2014 年 2 月以及 2014 年的 A1 修订案的勘误内容有关。[A2]

表 NA.1(续)

子条款	国家定义参数	Eurocode[A)] 推荐值	英国确定的值
6.2.2(6)	ν 值	$\nu = 0.6[1 - f_{ck}/250]$	采用推荐值 强度等级 C50/60 以上的混凝土要求见 3.1.2 (2)P
6.2.3(2)	$\cot\theta$ 的极限值	$1 \leqslant \cot\theta \leqslant 2.5$	$1 \leqslant \cot\theta \leqslant 2.5$,除了剪力与外加张力共同存在的构件除外(即:本国家附件不包括约束力引起的张力)。[A2]在这些构件中,$\cot\theta$ 取值应在[A1] 1.0 和 1.25 之间[A1][A2]
6.2.3(3)	ν_1 和 α_{cw} 值	$\nu_1 = \nu$[如式([A2] 6.6N [A2])中所述]或采用式(6.10.aN)和式(6.10.bN)中给定的值。 α_{cw} 采用式(6.11.aN)、式(6.11.bN)和式(6.11.cN)中给定的值	[A1] $\nu_1 = \nu(1 - 0.5\cos\alpha)$ [A1] 但是,如果抗剪钢筋的设计应力低于屈服应力标准值 f_{yk} 的 80 %,ν_1 可取值如下: 若 $f_{ck} \leqslant 60\text{MPa}$,$\nu_1 = 0.54(1 - 0.5\cos\alpha)$; 若 $f_{ck} \geqslant 60\text{MPa}$,$\nu_1 = (0.84 - f_{ck}/200)(1 - 0.5\cos\alpha) > 0.5$。 α_{cw} 取值如下: 若为非预应力结构,取 1; 若 $0 < \sigma_{cp} \leqslant 0.25f_{cd}$,取 $(1 + \sigma_{cp}/f_{cd})$; 若 $0.25f_{cd} < \sigma_{cp} \leqslant 0.5f_{cd}$,取 1.25; 若 $0.5f_{cd} < \sigma_{cp} < 1.0f_{cd}$,取 $2.5(1 - \sigma_{cp}/f_{cd})$。 式中,$\sigma_{cp}$ 为混凝土中因设计轴力产生的平均抗压应力,受压取正值。该值应从混凝土截面取均值,将钢筋考虑在内。若自支座边的距离小于 $0.5d\cot\theta$,则不需要计算 σ_{cp} 值。 注意:ν_1 和 α_{cw} 的取值不应使 $V_{Rd,max}$ 的计算值截面大于 $200(b_w)^2$,这些截面从支撑侧面算起,距离大于 d。为满足上述要求,用于孔道的 b_w 不需要折减。 在预应力筋呈直线、应力水平很高($\sigma_{cp}/f_{cd} > 0.5$)、腹板较薄的情况下,如果拉压弦杆都能承受整体预应力,并且在梁两端设置转向块以分散预应力时,可假定预应力在两弦杆之间分布。此时,腹板中仅应考虑剪力引起的压应力,即 $\alpha_{cw} = 1$。 强度等级 C50/60 以上的混凝土要求见 3.1.2 (2)P

注:[A2][A)] 表 NA.1 和表中的"推荐值"与 BS EN 1992-1-1 的 2008 年 1 月、2010 年 11 月、2014 年 2 月以及 2014 年的 A1 修订案的勘误内容有关。[A2]

表 NA.1(续)

子条款	国家定义参数	Eurocode A) 推荐值	英国确定的值
6.2.4(4)	$\cot\theta_f$的取值范围	对于受压翼缘,$1.0 \leqslant \cot\theta_f \leqslant 2.0$ 对于抗拉翼缘,$1.0 \leqslant \cot\theta_f \leqslant 1.25$	采用推荐值
6.2.4(6)	k 值	0.4	采用推荐值
6.4.3(6)	β 值	对于角柱,$\beta = 1.5$ 对于边柱,$\beta = 1.4$ 对于内柱,$\beta = 1.15$	采用推荐值
6.4.4(1)	冲剪的 $C_{Rd,c}$、v_{min}和 k_1 值	$C_{Rd,c} = 0.18/\gamma_c$ $v_{min} = 0.035k^{3/2}f_{ck}{}^{1/2}$ $k_1 = 0.1$	采用推荐值 强度等级 C50/60 以上的混凝土要求见 3.1.2 (2)P
[A2) 6.4.5 (1)	冲剪抗力限值 $v_{Rd,cs\,i}$	$k_{max}\ v_{Rd,c} = 1.5\ v_{Rd,c}$	$k_{max}\ v_{Rd,c} = 2.0\ v_{Rd,c}$ (A2]
6.4.5(3)	与柱相邻的最大冲剪抗力值 $V_{Rd,max}$	[A1) $v_{Rd,max}$ = [A2) 0.4 (A2] νf_{cd}	$v_{Rd,max} = 0.5\nu f_{cd}$ (A1] [A2)内容已删除(A2]
6.4.5(4)	需配置抗冲剪钢筋的边界到作用边界之间 U_{out}的距离 kd	$k = 1.5$	[A1) $k = 1.5$ 除非不需要配置抗冲剪钢筋的边界小于 $3d$,该距离从承载面/柱算起。在此情况下,钢筋应设置在距离承载区域/柱的表面 $0.3d \sim 1.5d$ 的区域内。钢筋的第一周界到承载区域/柱的表面的距离不应大于 $0.5d$ (A1]
6.5.2(2)	ν'值	$\nu' = 1 - f_{ck}/250$	采用推荐值
6.5.4(4)	k_1、k_2、k_3值	$k_1 = 1.0$ $k_2 = 0.85$ $k_3 = 0.75$	采用推荐值
6.5.4(6)	k_4值	$k_4 = 3.0$	采用推荐值

注:[A2) A) 表 NA.1 和表中的“推荐值”与 BS EN 1992-1-1 的 2008 年 1 月、2010 年 11 月、2014 年 2 月以及 2014 年的 A1 修订案的勘误内容有关。(A2]

表 NA.1(续)

子条款	国家定义参数	Eurocode[A)] 推荐值	英国确定的值
6.8.4(1)	*S-N* 曲线参数值[A2〉内容已删除〈A2]	[A2〉内容已删除〈A2] 表 6.3N 中钢筋的 *S-N* 曲线参数值 表 6.4N 中预应力筋的 *S-N* 曲线参数值	采用推荐值
6.8.4(5)	k_2值	5	查询专业文献后确定
6.8.6(1)	k_1和k_2值	$k_1=70\text{MPa}$ $k_2=35\text{MPa}$	采用推荐值,除非与主管当局一起商定采用其他值
6.8.6(3)	k_3值	0.9	1.0
6.8.7(1)	疲劳:N 和 k_1值	$N=10^6$循环次数 $k_1=0.85$	采用推荐值
7.2(2)	k_1值	0.6	采用推荐值
7.2(3)	k_2值	0.45	采用推荐值
7.2(5)	k_3、k_4、k_5值	$k_3=0.8$ $k_4=1.0$ $k_5=0.75$	采用推荐值
7.3.1(5)	裂缝宽度限值 ω_{max}	表 7.1N	使用表 NA.4
7.3.2(4)	$\sigma_{ct,p}$值	按照 7.3.2 (2)的$f_{ct,eff}$确定	采用推荐值
7.3.4(3)	式(7.11)中的最大裂缝间距:k_3和 k_4值	$k_3=3.4$ $k_4=0.425$	采用推荐值
7.4.2(2)	基本跨高比值	表 7.4N	使用表 NA.5

注:[A2〉A) 表 NA.1 和表中的"推荐值"与 BS EN 1992-1-1 的 2008 年 1 月、2010 年 11 月、2014 年 2 月以及 2014 年的 A1 修订案的勘误内容有关。〈A2]

表 NA. 1(续)

子条款	国家定义参数	Eurocode[A)] 推荐值	英国确定的值
8.2(2)	k_1 和 k_2 值	$k_1 = 1\text{mm}$ $k_2 = 5\text{mm}$	采用推荐值
8.3(2)	最小弯心直径 $\phi_{m,min}$	表 8.1N	使用表 NA.6a) 和表 NA.6b)
8.6(2)	焊接钢筋的锚固力	$F_{btd} = l_{td}\phi_t\sigma_{td} \leqslant F_{wd}$	采用推荐值
8.8(1)	大直径钢筋的附加规定:钢筋极限尺寸	$\phi_{max} > 32\text{mm}$	$\phi_{max} > 40\text{mm}$
9.2.1.1(1)	梁:最小配筋面积	$A_{s,min} = 0.26(f_{ctm}/f_{yk})$ $b_td \geqslant 0.0013b_td$	采用推荐值
9.2.1.1(3)	梁:最大配筋面积	$A_{s,max} = 0.04A_c$	采用推荐值
9.2.1.2(1)	梁:整体施工时的最小弯矩比,即跨中弯矩/支座弯矩	$\beta_1 = 0.15$	$\beta_1 = 0.25$
9.2.1.4(1)	端支座处底部钢筋的锚固:设计时支座上方钢筋锚固少或无锚固	$\beta_2 = 0.25$	采用推荐值
9.2.2(4)	最小抗剪钢筋之比,采用箍筋的形式	$\beta_3 = 0.5$	采用推荐值
9.2.2(5)	最小抗剪钢筋	$\rho_{w,min} = (0.08\sqrt{f_{ck}})/f_{yk}$	采用推荐值
9.2.2(6)	剪切构件的最大纵向间距	$s_{1,max} = 0.75d(1 + \cot\alpha)$	采用推荐值
9.2.2(7)	弯起钢筋的最大纵向间距	$s_{b,max} = 0.6d(1 + \cot\alpha)$	采用推荐值
9.2.2(8)	箍筋最大横向间距	$s_{t,max} = 0.75d \leqslant 600\text{mm}$	采用推荐值

注: [A2⟩ A)] 表 NA.1 和表中的"推荐值"与 BS EN 1992-1-1 的 2008 年 1 月、2010 年 11 月、2014 年 2 月以及 2014 年的 A1 修订案的勘误内容有关。⟨A2]

表 NA.1(续)

子条款	国家定义参数	Eurocode[A)] 推荐值	英国确定的值
9.3.1.1(3)	$s_{max,slabs}$值	用于受力主筋:$3h \leqslant 400$mm 用于分布钢筋:$3.5h \leqslant 450$mm 除集中荷载或最大弯矩处,式中:用于受力主筋:$2h \leqslant 250$mm 用于分布钢筋:$3h \leqslant 400$mm	采用推荐值,除后张板外,可参考专业文献,如:混凝土协会的设计手册[2]
9.5.2(1)	柱内纵向钢筋的最小直径	$\phi_{min} = 8$mm	$\phi_{min} = 12$mm
9.5.2(2)	柱内纵向钢筋的最小面积	$A_{s,min} = 0.10N_{Ed}/f_{yd}$或$0.002A_c$,取二者中较大者	采用推荐值
9.5.2(3)	柱内纵向钢筋的最大面积	$A_{s,max} = 0.04A_c$,搭接段外,除非可以证明混凝土整体性不受影响且承载能力极限状态时实现等强。 $A_{s,max} = 0.08A_c$,搭接段内	推荐值适用。设计人员应考虑实际上限,考虑在钢筋周围铺设混凝土。此问题将进一步在 PD 6687 中进行考虑
9.5.3(3)	柱内横向钢筋的最大间距 $s_{cl,tmax}$	$s_{cl,tmax}$应取以下 3 个值中的最小值: a)纵向钢筋最小直径的 20 倍; b)柱的短边; c)400mm	A1采用强度等级 C50/60 以下混凝土的推荐值。对于强度等级 C50/60 以上的混凝土,横向钢筋应满足以下条件:$\alpha_n \alpha_s \omega_{wd} \geqslant 0.04$,其中 ω_{wd} = (受箍体积 $\times f_{yd}$/混凝土体积 $\times f_{cd}$) 对于矩形柱: A2 $\alpha_n = 1 - \sum(b_i^2/6\ b_0\ h_0)$ A2 $\alpha_s = [1 - (s/2b_0)][1 - (s/2h_0)]$ 其中:n 为被箍筋或拉杆横向约束的纵向钢筋的数量;b_i为受箍主筋间距;s 为箍筋的纵向间距;b_0和 h_0为两个方向上的限制措施的宽度(至箍筋中心的尺寸)

注: A2 [A)] 表 NA.1 和表中的"推荐值"与 BS EN 1992-1-1 的 2008 年 1 月、2010 年 11 月、2014 年 2 月以及 2014 年的 A1 修订案的勘误内容有关。A2

表 NA.1(续)

子条款	国家定义参数	Eurocode[A)] 推荐值	英国确定的值
9.5.3(3)	柱内横向钢筋的最大间距 $s_{cl,tmax}$	$s_{cl,tmax}$应取以下 3 个值中的最小值: a)纵向钢筋最小直径的 20 倍; b)柱的短边; c)400mm	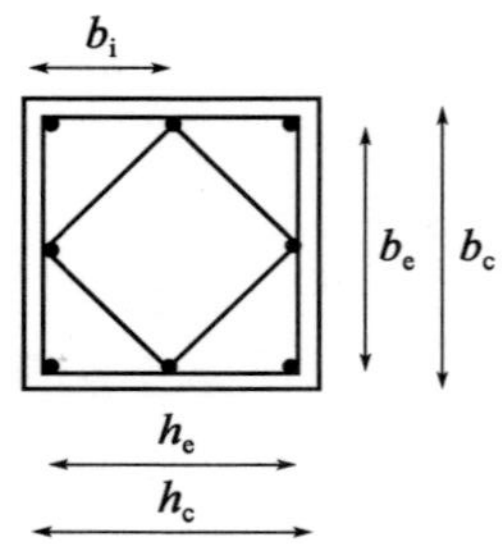 对于带环形箍筋的圆柱: $\alpha_n = 1$ $\alpha_s = (1 - s/2D_0)^2$ 对于带螺旋箍筋的圆柱: $\alpha_n = 1$ $\alpha_s = (1 - s/2D_0)$ 其中,D_0为受箍圆柱的直径(至箍筋的中心线)
9.6.2(1)	墙体内竖向钢筋的最小面积与最大面积	$A_{s,vmin} = 0.002A_c$ $A_{s,vmax} = 0.04A_c$,对应于除搭接外,除非可以证明混凝土整体性不受影响且承载能力极限状态时实现等强的情况。此限值可能在搭接处增加 100%	采用推荐值
9.6.3(1)	墙体内水平钢筋的最小面积	$A_{s,hmin} = 25\%$ 或 $0.001A_c$,取二者中较大者	采用推荐值。如果裂缝控制较重要,则应充分考虑早期热效应和收缩效应

注:A2 [A)] 表 NA.1 和表中的"推荐值"与 BS EN 1992-1-1 的 2008 年 1 月、2010 年 11 月、2014 年 2 月以及 2014 年的 A1 修订案的勘误内容有关。A2

表 NA.1(续)

子条款	国家定义参数	Eurocode[A)] 推荐值	英国确定的值
9.7(1)	深梁内最小分布钢筋面积	$A_{s,dbmin}=0.1\%$，但是各面和各个方向均不小于 $150mm^2/m$	各面取 0.2%
9.8.1(3)	桩承台的 ϕ_{min}	8mm	采用推荐值
9.8.2.1(1)	柱和墙基脚的 ϕ_{min}	8mm	采用推荐值
9.8.3(1)	系梁的 ϕ_{min}	8mm	采用推荐值
9.8.3(2)	系梁承受的最小竖向荷载	$q_1=10kN/m$	各单项工程自行确定该值
9.8.4(1)	q_2 和 ϕ_{min}	$q_2=5MPa$ $\phi_{min}=8mm$	采用推荐值
9.8.5(3)	[A1) A_c 和 $A_{s,bpmin}$	表 9.6N 的 A_c (A1] 表 9.6N 的 $A_{s,bpmin}$	采用推荐值
9.10.2.2(2)	[A1)周边拉杆抵抗的力：q_1 和 Q_2 的值	$q_1=10kN/m$ $Q_2=70kN$	$q_1=(20+4n_0)/l_i$，式中，n_0 为层数且 l_i 为端跨的长度。 $Q_2=60kN$ (A1]
9.10.2.3(3)	内部拉杆能够抵抗的最小拉力	$F_{tie,int}=20kN/m$	$F_{tie,int}=\frac{q_k+g_k}{7.5(l_r/5)(F_t)}\geq F_t[kN/m]$ 其中：(q_k+g_k) 为永久和可变楼板荷载平均值之和$[kN/m^2]$；l_r 为柱、框架或墙体中心之间距离[m]的较大者，柱、框架或墙体在相关拉杆方向上支撑任何两个相邻的楼板跨度；$F_t=(20+4n_0)\leq 60$ 内部拉杆最大间距 $=1.5l_r$
9.10.2.3(4)	无找平楼板的内部拉杆：q_3 和 [A2) Q_4 (A2]的值	$q_3=20kN/m$ [A2) Q_4 (A2] $=70kN$	$F_{tie}=(1/7.5)(g_k+q_k)(l_r/5)F_t\geq F_t[kN/m]$ 其中：(g_k+q_k) 为永久荷载和可变楼板荷载平均值之和$[kN/m^2]$；l_r 为柱、框架或墙体中心之间距离[m]的较大者，柱、框架或墙体在相关拉杆方向上支撑任何两个相邻的楼板跨度； $F_t=(20+4n_0)\leq 60$。 横向拉杆最大间距 $=1.5l_r$

注：[A2)[A)] 表 NA.1 和表中的"推荐值"与 BS EN 1992-1-1 的 2008 年 1 月、2010 年 11 月、2014 年 2 月以及 2014 年的 A1 修订案的勘误内容有关。(A2]

表 NA.1(续)

子条款	国家定义参数	Eurocode[A)] 推荐值	英国确定的值
9.10.2.4(2)	每层楼板中的水平拉杆抵抗外柱和/或外墙的抗力：$F_{tie,fac}$ 和 $F_{tie,col}$ 的值	$F_{tie,fac}$ = 正面 20kN/m $F_{tie,col}$ = 150kN	$F_{tie,fac} = F_{tie,col}$，取 $2F_t \leqslant L_s/2.5F_t$ 与总设计极限竖向荷载（由该高度的柱或墙体承担）3% 之中的较大值。$F_{tie,fac}$ 的单位采用 kN/墙体延米。 $F_{tie,col}$ 的单位采用 kN/柱。 若外围拉杆不在墙内，则仅需设置外墙的拉杆系统。 L_s 是地板至天花板的高度，单位是 m。 有关英国建筑条例的更多相关要求见 PD 6687
11.3.5(1)P	α_{lcc} 值（轻集料混凝土）	0.85	采用推荐值
11.3.5(2)P	α_{lct} 值（轻集料混凝土）	0.85	采用推荐值
11.3.7(1)	k 值	$k = 1.1$，对于将砂作为细集料的轻集料混凝土 $k = 1.0$，对于轻集料（细集料和粗集料均为轻集料）混凝土	采用推荐值
11.6.1(1)	$C_{lRd,c}$、$\nu_{l,min}$ 和 k_1 值	[A1⟩ $C_{lRd,c} = 0.15/\gamma_c$ [A2⟩ $\nu_{l,min} = 0.028k^{3/2}f_{lck}^{1/2}$ ⟨A2] $k_1 = 0.15$	采用推荐值 ⟨A1]
11.6.2(1)	ν_1 值	$\nu_1 = 0.5\ \eta_1(1 - f_{lck}/250)$	[A2⟩ 采用推荐值 ⟨A2]
11.6.4.1(1)	k_2 值	0.08	采用推荐值
[A2⟩ 11.6.4.2(2)	$v_{lRd,max}$	$0.4f_{lcd}$	采用推荐值 注意根据式(11.6.6N)，$\nu = \nu_1$ ⟨A2]
12.3.1(1)	$\alpha_{cc,pl}$ 和 $\alpha_{ct,pl}$ 值（素混凝土）	$\alpha_{cc,pl} = 0.8$ $\alpha_{ct,pl} = 0.8$	$\alpha_{cc,pl} = 0.6$ [A1⟩ $\alpha_{ct,pl} = 0.8$ ⟨A1]

注：[A2⟩ A) 表 NA.1 和表中的“推荐值”与 BS EN 1992-1-1 的 2008 年 1 月、2010 年 11 月、2014 年 2 月以及 2014 年的 A1 修订案的勘误内容有关。⟨A2]

表 NA.1(续)

子条款	国家定义参数	Eurocode[A)] 推荐值	英国确定的值
12.6.3(2)	k 值	1.5	采用推荐值
A.2.1(1)	$\gamma_{s,red1}$ 值	1.1	采用推荐值
A.2.1(2)	$\gamma_{c,red1}$ 值	1.4	采用推荐值
A.2.2(1)	$\gamma_{s,red2}$ 和 $\gamma_{c,red2}$ 值	$\gamma_{s,red2}=1.05$ $\gamma_{c,red2}=1.45$	采用推荐值
A.2.2(2)	$\gamma_{c,red3}$ 值	1.35	采用推荐值
A.2.3(1)	η 和 $\gamma_{c,red4}$ 值	$\eta=0.85$ $\gamma_{c,red4}=1.3$	采用推荐值
C.1(1)	疲劳应力范围值,最小相对肋面积[A2⟩],β 以及疲劳规定的例外情况⟨A2]	表 C.2N $\beta=0.6$ [A2⟩例外情况:钢筋主要承担静态荷载,或钢筋处于疲劳应力幅的高应力状态和/或循环次数需通过试验确定⟨A2]	采用推荐值[A2⟩和例外情况⟨A2]
C.1(3)	a、f_{yk}、k、ε_{uk} 的值	对于 f_{yk},$a=10\text{MPa}$ 对于 k 和 ε_{uk},$a=0$ f_{yk}、k、ε_{uk} 的最大值和最小值符合表 C.3N 的规定	采用推荐值
E.1(2)	指示性强度等级值	表 E.1N	不适用于英国——见指南 4.4.1.2 (5)
J.1(2)	$A_{s,surfmin}$ 值	$0.01A_{ct,ext}$	不适用于英国——见 PD 6687 可选附录 J
J.2.2(2)	$\tan\theta$ 值	$0.4\leq\tan\theta\leq1$	不适用于英国——见 PD 6687 可选附录 J
J.3(2)	k_1 值	0.25	不适用于英国——见 PD 6687 可选附录 J
J.3(3)	k_2 值	0.5	不适用于英国——见 PD 6687 可选附录 J

注:[A2⟩] A) 表 NA.1 和表中的“推荐值”与 BS EN 1992-1-1 的 2008 年 1 月、2010 年 11 月、2014 年 2 月以及 2014 年的 A1 修订案的勘误内容有关。⟨A2]

[A1]表已删除[A1]

表 NA.4 w_{max}的推荐值

暴露等级	钢筋混凝土构件和无粘结预应力混凝土构件(准永久荷载组合)(mm)	含粘结预应力混凝土构件(频遇荷载组合)(mm)
X0, XC1	0.3[a]	0.2
XC2, XC3, XC4	0.3	0.2[b]
XD1, XD2, XD3, XS1, XS2, XS3		0.2 和减压[c]

注:[a]对于 X0、XC1 暴露等级,裂缝宽度对耐久性无任何影响且设置该限值是为确保外观可接受。若外观无任何特定要求,则该限值可放宽。

[b]此外,对于这些暴露等级,应根据准永久荷载组合检查减压。

[c]w_{max} = 0.2mm 适用于不需要进行减压检查的构件部分。

若无特定要求(如:不透水性),可假定根据准永久荷载组合将计算裂缝宽度限制为如表 NA.4 中的 w_{max},通常可确保建筑内的钢筋混凝土构件的外观和耐久性符合要求。

预应力构件的耐久性可能受开裂影响更严重。若无更详细的要求,可假定根据频遇荷载组合将裂缝宽度计算值限制为 BS EN 1992-1-1:2004 + A1:2014 中表 7.1N内的 w_{max},通常可确保预应力混凝土构件的相关参数符合要求。减压限值要求,粘结预应力筋或者管道的所有部分均位于受压混凝土内至少 25mm。

[A1]在 BS EN 1992-1-1:2004 + A1:2014 的式(7.11)中,保护层 c 应取 c_{nom}。采用 BS EN 1992-1-1:2004 + A1:2014 的式(7.8)中 $s_{r,max}$的结果值对混凝土表面的裂缝宽度进行预估。在一些情况中,如:对地浇筑的结构,c_{nom}将明显大于耐久性所需保护层厚度。若无任何外观要求,则用耐久性所需保护层厚度计算裂缝宽度是合理的,且需确认其不超过相关最大裂缝宽度。

用计算出的表面裂缝宽度乘以$(c_{min,dur} + \Delta c_{dev})/c_{nom}$,得出耐久性所需的裂缝宽度,再检查该值是否不大于 w_{max}。这个方法假定裂缝宽度是线性变化的,裂缝宽度从钢筋表面为零起算。[A1]

表 NA.5 无轴向受压钢筋混凝土构件的基本跨高比

结构体系	K	高应力状态下的混凝土 $\rho = 1.5\%$	低应力状态下的混凝土 $\rho = 0.5\%$
简支梁,简支单向板或双向板	1.0	14	20
连续梁的端跨,连续单向板的端跨,长边连续的双向板的端跨	1.3	18	26
梁或单向板或双向板的内跨	1.5	20	30

表 NA.5(续)

结 构 体 系	K	高应力状态下的混凝土 $\rho=1.5\%$	低应力状态下的混凝土 $\rho=0.5\%$
无梁楼板(柱上平板)(基于较长跨)	1.2	17	24
悬臂梁	0.4	6	8

注1:选用的值一般较为保守,可使用更薄构件的计算结果频繁出现。

注2:对于双向板,应依据较短跨进行检查。平板应采用较长跨。

注3:相对而言,平板的跨高比限值没有柱的跨中挠度限值(l/250)那么严格,但经验表明该值满足要求。

A1 **注4**:当模板很早就已制作或施工荷载大于设计荷载时,表中的 k 值可能不太合适。在这些情况下,可能需要采用专业文献中的建议计算挠度,如:混凝土协会有关混凝土板和梁的挠度报告,和混凝土研究杂志中一篇题为《现有跨高值对平板来说是否保守?》的文章。这两篇文章均在 NA.4 中被引用。

注5:利用$(310/\sigma_s)$或$(500/f_{yk})(A_{s,prov}/A_{s,req})$调整从 NA.3 或式(7.16a)或式(7.16b)获得的跨高比时,调整最大限值为 1.5。σ_s应依据正常使用极限状态下标准荷载组合计算。

注6:跨高比在任何情况下均不得超过 $40K$。A1

表 NA.6a) 避免损坏钢筋和钢丝的最小弯心直径

钢筋直径,ϕ (mm)	直弯钩、斜弯钩、半圆弯钩钢筋的最小弯心直径,$\phi_{m,min}$ (见 BS EN 1992-1-1:2004,图 8.1) (mm)
≤16	4ϕ
>16	7ϕ
注:钢筋下料表、尺寸、弯曲和截断一般应依据 BS 8666 进行。	

表 NA.6b) 避免损坏焊接钢筋和焊接网片的最小弯心直径

用钢筋直径倍数定义的横向钢筋位置,钢筋直径 ϕ[mm]	最小弯心直径 $\phi_{m,min}$[mm]
横向钢筋布置在弯钩内或弯钩外,横向钢筋中心距离弯心的距离≤4ϕ	20ϕ
横向钢筋中心距离弯心的距离 >4ϕ	ϕ≤16 时,4ϕ
注:钢筋下料表、尺寸、弯曲和截断一般应依据 BS 8666 进行。	ϕ≤20 时,7ϕ

NA.3 关于使用资料性附录的决定

BS EN 1992-1-1:2004 + A1:2014 资料性附录 A、B、D、F、G、H 和 I 可在英国使用。

BS EN 1992-1-1:2004 + A1:2014 资料性附录 E 和 J 不适用于英国。PD 6687 提供了一份可在英国使用的*替代性*资料性附录 J。

NA.4 非矛盾性补充信息的参考文献

NA.4.1 一般参考文献

以下参考文献表包含非矛盾性补充信息，与 BS EN 1992-1-1 一起使用。

—PD 6687-1:2010, *Background paper to the National Annexes to BS EN 1992-1 and BS EN 1992-1.*

—PD 6687-2:2008, *Recommendations for the design of structures to BS EN 1992-2: 2005.*

—*Guidance on the use of stainless steel reinforcement*, Technical Report 51, Concrete Society, 1998[1].

—*Post-tensioned concrete floors—Design handbook*, Technical Report 43, The Concrete Society, 2005[2].

—*Deflections in concrete slabs and beams*, Technical Report No. 58, Concrete Society, 2005[3].

—VOLLUM, R. L. and T. R. HOSSAIN, *Are existing span to depth rules conservative for flat slabs?* Magazine of Concrete Research, vol. 54, issue 6, 2002[4].

—*Standard method of detailing structural concrete—A manual for best practice*, The Institution of Structural Engineers/Concrete Society, [5].

NA.4.2 符合英国建筑规定的参考文献

[A1) The Building Regulations 2000 (England and Wales) [1,2], Building (Scotland) Regulations 2004[3,4,5], and Building Regulations (Northern Ireland) 2000[6] 规定，建筑的修建应确保发生事故时建筑不会遭受与原因不相称的倒塌。EN 1992-1-1 的条款在某些方面还不够全面，满足该要求的详情和设计方法见作为非矛盾性补充信息的 PD 6687。(A1]

参考文献

标准出版物

BS 8110 (all parts), *Structural use of concrete.*

[A2) BS 8500-1:2015, *Concrete — Complementary British Standard to BS EN 206-1 — Part 1: Method of specifying and guidance for the specifier.*

BS 8500-2:2015, *Concrete — Complementary British Standard to BS EN 206-1 — Part 2: Specification for constituent materials and concrete.*

BS 8666, *Scheduling, dimensioning, bending and cutting of steel reinforcement for concrete. Specification.*

BS EN 1990:2002 + A1:2015, *Eurocode — Basis of structural design.*

BS EN 206:2013, *Concrete — Part 1: Specification, performance, production and conformity.*

PD 6687-1:2010, *Background paper to the UK National Annexes to BS EN 1992-1-1 and BS EN 1992-1-2.* (A2]

[A1) PD 6687-2:2008, *Recommendations for the design of structures to BS EN 1992-2:2005.* (A1].

其他出版物

[A1) [1] GREAT BRITAIN. The Building Regulations 2000. London: The Stationery Office.

[2] GREAT BRITAIN. The Building Regulations 2000 Approved Document A: Structure. London: The Stationery Office, 2004.

[3] GREAT BRITAIN. Building (Scotland) Regulations 2004, as amended: The Stationery Office.

[4] GREAT BRITAIN. The Scottish Building Standards Technical Handbook Domestic: The Stationery Office.

[5] GREAT BRITAIN. The Scottish Building Standards Technical Handbook Non-Domestic: The Stationery Office.

[6] GREAT BRITAIN. Building Regulations (Northern Ireland) 2000. Belfast: The Stationery Office. ⟨A⟩